高温多湿で起伏の激しい森のなかを
夜明け前から歩いていた。
何時間歩いただろうか、
ゆくての大地にねころぶ姿があった。
人慣れしていない彼を驚かせないように、
ゆっくりと近づいていく。
密集する木木のわずかな隙間から、
ちらりと見える一頭のボノボ。
この距離ならば受け入れてくれるのだろうか。
呼吸を整え僕が見つめると、彼も見つめ返す。
絡む視線でおたがいの意思を伝えあう。

しばらく時が過ぎ、
警戒を少しだけ解いた彼は、僕から目をそらす。
ときおり見せる表情や仕草から、
彼はヒトなんだと思った。
コンゴ川流域に広がるマレボの熱帯多雨林。
世界中でもっとも行くのが大変な場所の一つ。
この原始の森のなかで
「最後の類人猿」と呼ばれるボノボが暮らしている。

ボノボ
最後の類人猿
写真・文
前川貴行

ボノボは
コンゴ民主共和国のごくかぎられた森にだけ
生息している。
僕（ぼく）はボノボに会いたくて、はじめてコンゴを訪（おとず）れた。
ともに向かうのは
京都大学野生動物研究センター教授の
伊谷原一（いだにげんいち）さん。
チンパンジーやボノボ研究の第一人者である。
このボノボをめぐる旅は、
伊谷さんのフィールドワークに
同行させてもらう形で実現した。

コンゴは内戦や紛争が
頻繁に起こっていて、
山にはたくさんのゲリラがひそんでいる。
ひどく政情不安な国だと聞いていて、
僕はかなり緊張していた。
首都のキンシャサに到着したのは夜。
電灯の量が圧倒的に少なく、
街は暗い。
その暗いなかで
大勢の人間がうごめいている。
いたるところで焚き火が焚かれ、
煙や小便や肉の焼けるにおいが
ごちゃまぜとなって漂っている。
でもそれはどこか懐かしい、
郷愁をそそるようなにおいでもある。

翌日、
貸切の飛行機で途中の町である
ニオキまで飛ぶ。
今日はここで一泊するので、
川沿いのマーケットを散策して
ぶらぶらと過ごした。

次の日、
車で出発する予定だったのだが、
途中の橋が壊れて車が
通行できなくなった。
しかたないので橋がなおるまで
ニオキで待機することにした。

二日間足止めをくらうが、橋はなおらない。
これ以上は待てないと判断し、
人が渡る簡易的な橋を使い、
橋の向こう側で別の車を借りることにした。
荷物を載せ換えて、ようやく出発する。
未舗装のガタガタ道を十時間以上乗り続け、
尻や腰の痛みが限界に近づいた頃、
やっとマレボの森のそばにある村に到着した。

村では土壁と土間でできた空き家を借りて、
そこを取材の拠点とすることにした。

村の長老を訪ね、しばらく森で活動させてほしいとお願いをした。
長老は、着ている帽子も上着もシャツもズボンも、すべて真っ赤で、
帽子には富の象徴である貝殻が付いていた。
この村は海からはるかに遠く、昔は貝殻をもっているだけでステータスとなったそうだ。
アルコール度数のきつい、手作りの蒸留酒をごちそうしてくれ、
こころよく僕らを迎え入れてくれた。

翌日の早朝からマレボの森へ入った。
やぶをかきわけ進んでいくが、
ボノボのいる気配はまるでない。
それでも汗だくになりながら
数時間歩き続けると、
ようやく樹上にいるオスのボノボを
見つけることができた。
初めて出会ったボノボ。
手足が長くほっそりとして、
長い頭髪がおかっぱみたいだ。
二本の足で立ち上がり、
ヒトの体形にそっくりに見えた。

ボノボが新種として認められたのは1929年で、
まだ100年も経っていない。
見た目が似ているので、それまでは風変わりなチンパンジーだと思われていた。
いったん違いが分かってよく調べると、
チンパンジーとは見た目も異なるし、性格や集団の営みもずいぶん違うという。

ボノボを追う日びがはじまった。
あるとき、背中に子どもをのせた母子に出会った。
ボノボの子どもを
ぜひ見てみたいと思っていた僕はうれしくて、
それまでの疲れも吹き飛んでしまった。
子どもは3歳～5歳でお乳を飲まなくなるが、
その後もしばらくは
母親にくっついて生活をする。

傘をひらいたような
かわいい形の
パラソルツリーの上に、
オスとメスのカップルがいた。
発情期のメスは
お尻のあたりにある性皮が
ぽっこりとふくらみ、
よく目立つ。

ボノボの
大きな特徴のひとつが
頻繁に行われる交尾。
繁殖のためだけではなく、
あいさつのためや
争いを避けるために
交尾をする。
このおかげで、
群れのみんなが
仲良く過ごすことができる。

チンパンジーの群れではオスの立場が圧倒的に強い。
ほかの群れとの争いでは殺し合いになることがおおく、
群れの中でもオスに対するリンチがあり、
よそから群れに加わったメスの連れている子を殺してしまう子殺しがある。
それとは反対に、ボノボはメスの影響力がとても強く、
平和に暮らすことをのぞむようだ。
ほかの群れとばったり出会うと、オスは少し攻撃的になるのだが、
メスがフレンドリーに接するため、最後には一緒になって穏やかに過ごすという。

毎日ボノボを追いかけるなかで、
フルーツを食べる姿を
見ることができた。
なんだかとてもおいしそうで、
僕も木にのぼって
食べてみたくなった。

フルーツはボノボの大好物。
ほかには草や葉なども食べるし、
ときにはオナガザルを捕まえて
食べることもある。

僕らの行動食は
村の人が作ってくれた手作りのお弁当。
キャッサバという植物の根から作った
お餅のようなものが主食。
おかずは野草の煮こみや芋のフライ、
煮こんだ肉などを
大きな葉にくるんで持ち運んだ。

村から森までは
自転車やバイクで向かい、
たまに歩きのときもあった。
一日中森のなかを歩きまわって
へとへとになりながら道までたどり着き、
さらにそこから村まで三時間くらい歩く。

森から出ると
子どもたちが待ち構えていて、
荷物を持ってくれるという。
何かをねだるわけでもなく、
手伝いたくてしかたがないみたいだ。
カメラの三脚を渡すと
彼は嬉しそうに抱えて、
真っ暗闇のなか
ヘッドランプと星明かりだけを頼りに
村までの長い道のりを一緒に歩いた。

ボノボたちの暮らしぶりが
ちょっとずつ見えてきた。
でもやぶが深いうえ、
警戒心の強いボノボの近くにはなかなか近寄れず、
アップの写真を撮ることができない。
あせりを感じながら、
しかし出来ることをしっかりこなそうと思い直す。
チャンスはかなり少なかったが、
出会うことすら難しい
ボノボの写真が撮れているので、
それでも良しとしなければならない。

取材も終わりにちかづき、
さあこれからラストスパートだと気合いを入れたとき、
突然熱が出て寒気に襲われた。
ただのかぜだと思い、かぜ薬を飲んで寝ていたのだが、
熱がはげしく上がったり下がったりする。
身体がフラフラになり、もしやと頭をよぎったのがマラリアだ。

僕はこれまでマラリアにかかったことが無かったが、
症状からするとおそらく間違いない。
マラリアとはマラリア原虫をもった
ハマダラカに刺されて感染する病気。
そこで以前、ウガンダの薬局で買っておいた
抗マラリア薬であるアルテキンを飲むことにした。
なんどもアフリカに通いながら、
これまで一度もマラリアにかかることがなく、
僕はそうとう油断をしていた。

本来なら
ケガや虫よけのために
長袖長ズボンを着たほうがよいのに、
あまりの暑さに
半袖シャツで過ごし、
手足もボコボコになるほど
蚊に刺されていた。

薬を飲んで僕はずっと横になっていた。
でも熱は相変わらず
上がったり下がったりを繰り返し、
関節もギシギシと痛む。
だが日本に帰らなければならない。

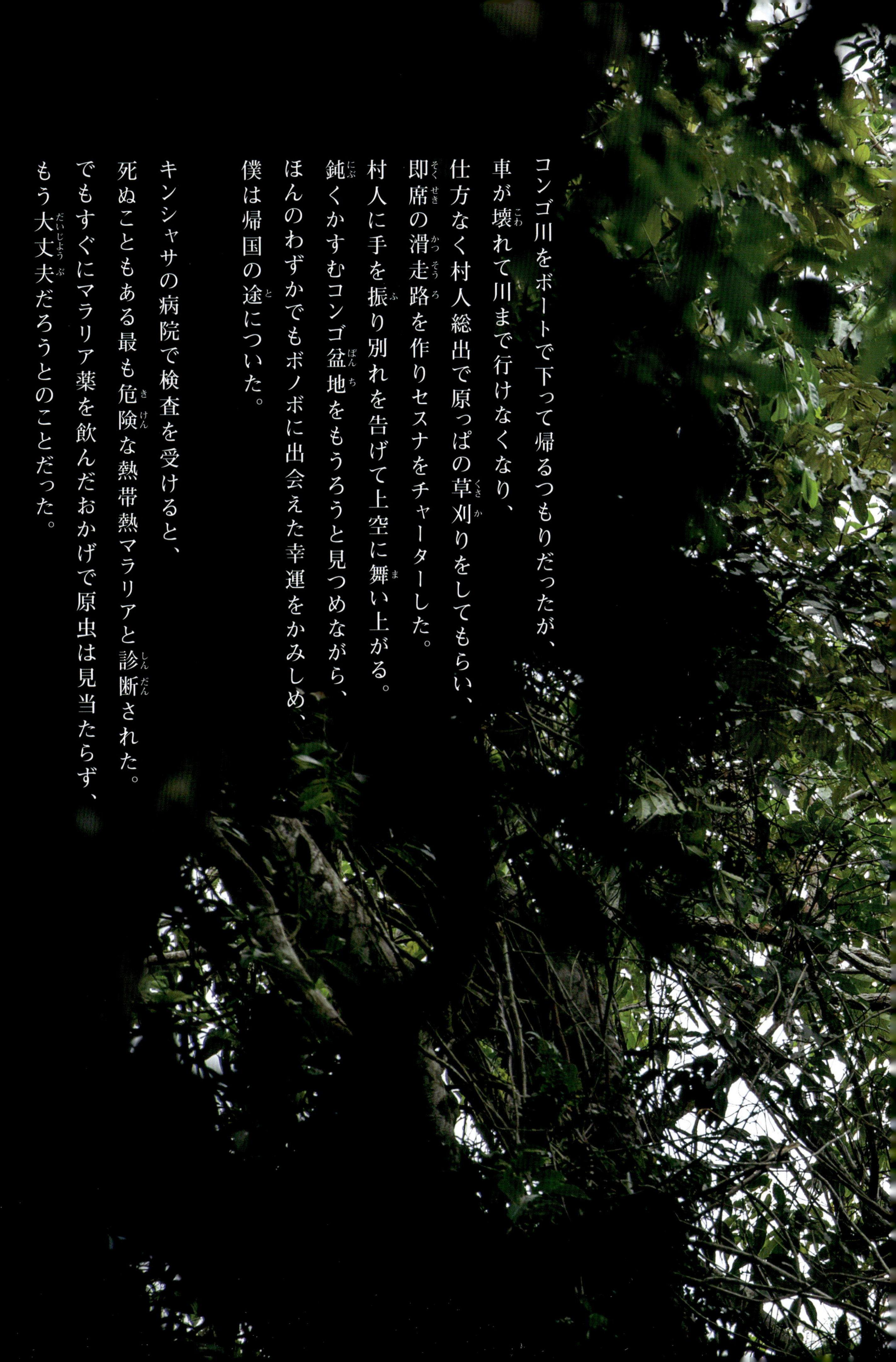

コンゴ川をボートで下って帰るつもりだったが、
車が壊れて川まで行けなくなり、
仕方なく村人総出で原っぱの草刈りをしてもらい、
即席の滑走路を作りセスナをチャーターした。
村人に手を振り別れを告げて上空に舞い上がる。
鈍くかすむコンゴ盆地をもうろうと見つめながら、
ほんのわずかでもボノボに出会えた幸運をかみしめ、
僕は帰国の途についた。

キンシャサの病院で検査を受けると、
死ぬこともある最も危険な熱帯熱マラリアと診断された。
でもすぐにマラリア薬を飲んだおかげで原虫は見当たらず、
もう大丈夫だろうとのことだった。

ボノボの生息数は
おそらく1万頭から5万頭ほどではないかと
考えられている。
はっきり分からないのは、
ボノボが未だ謎に満ちた生き物である上に、
広大なジャングルでの
調査がむずかしいからだ。

だが確実に言えるのは、
内戦や密猟によって殺され、
森林伐採によって生息地を破壊され、
人間の脅威でその数を急激に減らしていること。

まったなしの危機にあるボノボ。
ヒトにもっとも近い生き物なのに、
つい最近まで
発見されることのなかった、
争いを好まぬ温和な類人猿。

宇宙の起源から１３８億年がたち
地球の誕生から46億年が過ぎた。
この気の遠くなるような時の流れのなかで、
同じ祖先を持つボノボとヒトが別べつの道を歩みはじめたのが、
わずか７００万年前のこと。
ともに生きる僕らは、彼らが身につけた安らかな振る舞いから、
学ぶべきことがたくさんあるのではないだろうか。